MÉMOIRE

SUR LES

AVANTAGES D'UN PROCÉDÉ

POUR

PERFECTIONNER LE MOUT DES FRUITS, ET POUR CLARIFIER, AMÉLIORER ET CONSERVER LES VINS ET AUTRES LIQUEURS, PAR L'APPLICATION DE LA CHALEUR.

MÉMOIRE

SUR LES

AVANTAGES D'UN PROCÉDÉ

POUR

PERFECTIONNER LE MOUT DES FRUITS, ET POUR CLARIFIER, AMÉLIORER ET CONSERVER LES VINS ET AUTRES LIQUEURS, PAR L'APPLICATION DE LA CHALEUR;

inventé et perfectionné

PAR J. A. GERVAIS,

Auteur de plusieurs ouvrages et découvertes sur l'art de faire le vin et les eaux-de-vie; membre de la Société d'Encouragement pour l'industrie nationale, et de plusieurs autres Sociétés savantes.

> Il suffira de soumettre les vins et autres boissons à l'usage de notre procédé, pour leur faire opérer la *sécrétion* de tous les principes qui les altèrent, et pour obtenir à la fois leur clarification, leur amélioration et leur conservation (page 24.)

NOUVELLE ÉDITION.

PARIS,

Ve. BALLARD, IMPRIMEUR,
rue J.-J. Rousseau, n. 8.

1828.

AVERTISSEMENT.

Le procédé qui fait le sujet de ce petit ouvrage, et que j'ai inventé pour *perfectionner le moût des fruits* et pour *clarifier, améliorer et conserver les vins, les bières, les cidres, les poirés*, etc., réunit tous les caractères qui doivent le faire adopter généralement. Simple et économique dans sa construction, facile dans son exécution, et d'un effet également efficace et assuré sur les liqueurs vineuses de toute espèce, il sera désormais l'unique moyen dont MM. les propriétaires et les négocians auront besoin, pour opérer la clarification, perfectionner les coupages, obtenir la prompte combinaison des principes constitutifs des boissons, ainsi que pour guérir celles qui auraient quelque tendance à se décomposer.

Il m'eût suffi sans doute de signaler les fonctions et les effets de mon procédé pour le faire accueillir favorablement du public; néammoins j'ai cru convenable de démontrer en même temps l'imperfection des divers moyens dont l'art se sert, afin de faire mieux apprécier l'importance et la nécessité de mon invention, que je mets avec confiance sous la protection des sociétés savantes, des amis de l'industrie, et de toutes les personnes honorables qui s'intéressent à la prospérité de l'agriculture et du commerce de la France.

MÉMOIRE

SUR LES

AVANTAGES D'UN PROCÉDÉ

POUR

PERFECTIONNER LE MOUT DES FRUITS, ET POUR CLARIFIER, AMÉLIORER ET CONSERVER LES VINS ET AUTRES LIQUEURS, PAR L'APPLICATION DE LA CHALEUR.

De l'abondance des vins en France.

Parmi les dons que la Providence a répandus sur la terre pour servir à la nourriture et au bien-être de l'homme, il n'en est pas de plus précieux que le fruit de la vigne, pour les pays qui la cultivent avec succès.

La France, par ses heureuses expositions et par la douceur de son climat, paraît être une des contrées les plus favorables à sa culture : les immenses vignobles qui embellissent ses plaines et qui parent ses côteaux, répandent l'abondance jusque sur le sol le plus ingrat; et c'est encore dans le produit de ses vins et des eaux-de-vie qui en proviennent, qu'elle trouve la branche la plus importante de son commerce avec les nations des deux mondes.

Mais, si la récolte des vins enrichit l'agriculture et alimente le commerce de la France, il n'en est pas moins vrai que sur environ cinquante millions d'hectolitres de vin qu'elle produit, il en est environ quarante millions qui ne peuvent se conserver long-temps ni supporter le transport. Les chaleurs de l'été les décomposent, et ils se trouvent de qualité si imparfaite, qu'il faut les convertir en eau-de-vie ou les livrer promptement à la consommation, pour prévenir leur détérioration; de telle sorte que nous comptons à peine un cinquième de nos vins qui puisse mériter l'attention du commerce extérieur et satisfaire agréablement le goût des peuples qui les consomment.

Des causes qui s'opposent à la qualité et à la conservation des vins.

Les imperfections des vins proviennent de deux causes principales et bien distinctes : l'une est dans les contrariétés de la nature, et l'autre dans nos méthodes de fabrication; lorsqu'elles se trouvent réunies, leurs effets sont doublement funestes.

En effet, le raisin parvient rarement à réunir toutes les conditions nécessaires à la production d'un vin supérieur. Le défaut de maturité, la domination des acides, la surabondance de la lie, du tartre, du ferment, et l'incorporation d'une quantité d'air atmosphérique qui tend à établir entre ces principes une fermentation acéteuse, sont autant de causes qui s'opposent à la qualité des vins et à leur conservation.

Ainsi, lorsque la nature se trouve contrariée par les obstacles que la saison, le climat, le sol ou la qualité de l'espèce lui opposent, il serait nécessaire que l'art pût la rectifier dans ses opérations; mais, loin de là, on ne sait pas même, en France, tirer tout le parti qu'elle offre naturellement dans ses productions, ce qui fait que nos vins sont inférieurs à ce qu'ils devraient être.

Indépendamment de tous les obstacles que les contrariétés de la nature et les imperfections de l'art présentent contre la prospérité de nos vignobles, il faut en signaler un autre infiniment grave, et qui provient des nombreuses plantations qui ont été faites sur les terres les plus nuisibles à la qualité du vin. J'ai déjà exposé ailleurs les funestes effets de cet abus, et je ne puis que confirmer ce que j'ai dit pour faire apprécier les conséquences dangereuses qui en résultent (1).

Des imperfections de l'art de faire le vin.

La nécessité de remédier à toutes les imperfections que présentent nos vins a fait l'objet de la sollicitude de nos hommes d'état, et a donné lieu à une infinité d'écrits sur cette matière; mais, il faut l'avouer, malgré les ouvrages de nos agronomes, l'art de faire le vin est toujours resté stationnaire, ce qui a fait dire à l'abbé Bertholon, (et ce que nous pouvons redire encore aujourd'hui) :.... « Il est étonnant que, depuis tant de siècles pendant lesquels on a fait du vin, cette branche importante de la physique agronomique soit encore dans l'enfance. »

M. Maupin, qui a consacré sa vie au perfectionnement de la vinification, et qui s'est acquis tant de droits à notre reconnaissance par les recherches qu'il a faites à ce sujet, a exprimé les mêmes plaintes d'une manière mieux motivée; et comme plusieurs auteurs *de cabinet* ne cessent de célébrer les progrès de l'art, en ne disant ni plus ni moins que ce que les anciens ont bien ou mal observé et publié, il importe, dans l'intérêt de la vérité, que le public soit instruit sur ce que l'art réclame, afin que l'on ne se laisse pas séduire par ces éloges d'échange que ces écrivains se donnent entre eux pour accréditer leurs ouvrages : à cet effet, nous ne saurions mieux faire que de rapporter ici le jugement de M. Maupin, garanti par trente années d'observations.

« Ce n'est pas, dit-il, qu'on ne sache, pour parler ainsi, le matériel de l'art; mais, faute de l'avoir approfondi, on en ignore le fond, les détails, les finesses et les ressources; on en ignore jusqu'aux premiers élémens; en sorte qu'on doit regarder l'art de faire le vin, bien moins comme un

(1) Opuscule sur la Vinification.

» art à perfectionner que comme un art qui reste encore à » créer, puisque, ainsi que l'observe Macquer, il manque » encore de ses principes les plus nécessaires, des principes » fondamentaux sur lesquels seuls on peut l'établir, qui en » peuvent seuls faire un art. On sait bien, d'une manière » générale, qu'il faut que le vin soit fermenté, mais c'est » tout : du reste, les conditions de cette fermentation, les » causes, les moyens de la produire, le temps qu'elle doit » durer, le degré de chaleur qu'elle doit avoir, ses effets; » en un mot, tout ce qui est de l'essence même de l'art, » voilà jusqu'à présent ce que personne ne sait, ou ne sait » que de très-loin.

» Cependant, sans la parfaite connaissance de toutes ces » choses, comment réussir; ou plutôt, comment ne pas se » tromper dans un art qui, pour être exercé depuis tant de » siècles, par un nombre infini d'hommes, et souvent par » des personnes très-éclairées, n'en est pas pour cela plus » avancé? Comment, si l'on ne connaît point la juste va- » leur des principes, si on ne sait point encore en embras- » ser toutes les conséquences, si l'on étend trop, ou trop » peu les effets de certains procédés; comment éviter de se » méprendre dans un travail où la moindre ignorance et la » plus légère inattention, mettent la plus grande inégalité » dans le succès? Cela est impossible; j'en pourrais faire » voir la preuve dans les écrits, les essais et les fautes des » savans de la plus grande réputation. » (1)

C'est ainsi qu'éclairé par le fruit d'une longue expérience, cet œnologue distingué disait, comme Socrate : J'ai appris à savoir que ce que l'on sait dans cet art n'est rien en raison de ce qu'il renferme de *profondeur*, de *détails*, de *finesses* et de *ressources*.

Des moyens de perfectionner les vins.

Pénétré du même sentiment que M. Maupin, j'ai reconnu,

(1) Méthode de Maupin.

comme lui, l'insuffisance des méthodes et des préceptes publiés par les auteurs, et j'ai senti la nécessité de puiser dans l'étude de la nature les lumières que je croyais possible d'obtenir par l'expérience et l'observation les plus persévérantes. J'espère que le fruit de vingt années de recherches me permettra de contribuer aux progrès de l'œnologie, et je me propose de publier incessamment les principes et les nouveaux moyens qui pourront en agrandir le domaine, ajouter à ses succès. J'espère démontrer que cet art, si important pour la France, est semblable à une mine infiniment riche dans son sein, mais dont on a à peine effleuré la superficie.

Mais en attendant que je fasse connaître les moyens de seconder la nature, pour l'amener à mieux faire, et que j'indique les perfectionnemens que l'art lui-même peut obtenir dans toutes les opérations qui le constituent, il est de la plus grande importance de faire connaître le mérite d'un procédé que j'ai inventé *pour perfectionner le moût des fruits, et pour clarifier, améliorer et conserver les vins et autres liqueurs vineuses et spiritueuses*, en remédiant aux contrariétés de la saison et aux imperfections de l'art, par les effets de la chaleur.

Néanmoins, comme l'action du feu a été appliquée, par les anciens ainsi que par les modernes, dans la préparation de la vendange, et que quelques personnes ont essayé de l'employer pour l'amélioration des vins, je ferai connaître les divers procédés dont ils ont fait usage, avant d'exposer le mécanisme et les fonctions de l'appareil que j'annonce, afin de faciliter, par la comparaison, le moyen de mieux apprécier les avantages de mon invention.

Des usages des anciens pour la coction du moût de raisin.

Depuis les siècles les plus reculés il a été reconnu que le feu ou la chaleur avait la propriété de donner une maturité artificielle à la plupart de produits de la nature, et c'est sur ce principe qu'est fondé l'art de préparer nos alimens. A mesure que les recherches des savans sur les effets du calorique ont fait observer des nouveaux phénomènes, il en est résulté des découvertes qui ont agrandi le domaine des sciences et des arts.

Mais l'œnologie, qui devait retirer les plus grands avantages de l'application de la chaleur sur la vendange, n'en a reçu jusqu'à présent que de faibles secours, malgré tout ce que les anciens et quelques modernes ont pu faire pour s'en servir dans la fabrication des vins.

Les anciens avaient observé que la maturité ne pouvait être parfaite sur le raisin qu'autant que les effets salutaires du soleil la seconderaient; et, pour ajouter les secours de l'art à la chaleur naturelle, ils avaient adopté l'usage de la concentration du moût de raisin, ce qui leur permettait d'avoir des vins de longue durée; mais, par l'abus qu'ils faisaient de cette méthode, leurs vins étaient très-épais, surchargés de principes sirupeux; ils causaient des obstructions, étaient indigestes et privés des caractères et du bouquet qui constituent une boisson agréable et saine. Aussi recommandaient-ils l'usage de diverses substances aromatiques, qu'ils jugeaient propres à remplacer le parfum que leurs manipulations vicieuses faisaient perdre aux vins.

Mais tous ces moyens ne pouvaient remplacer la nature, dont les principes avaient été altérés par une cuisson excessive; car, ainsi que l'a très-bien observé M. le comte François de Neufchâteau, dans ses notes intéressantes ajoutées à la nouvelle édition du *Théâtre d'Agriculture*, d'Olivier de Serres : « Quelque chose que l'on puisse faire, il est impos-
» sible de parvenir à déguiser assez les vins des raisins
» secs et les *vins cuits en général*, pour que l'on puisse s'y
» méprendre et leur trouver *la saveur et le bouquet des*
» *raisins frais*. Mais les anciens, dit M. Parmentier, n'es-
» timaient que les vins doucereux, sucrés, épais et lou-
» ches; ils ne faisaient aucun cas des vins secs et limpides
» de Bordeaux, de Bourgogne, de Champagne rouge et du

» Rhin, dont le principal mérite consiste à ne plus avoir de » sucre ou fort peu, et à contenir une certaine quantité de » tartre essentielle à leur qualité et à leur conservation. »

Des procédés employés par les œnologues modernes pour l'application de la chaleur sur la vendange.

Si les anciens ont abusé de l'action du feu sur le moût, nos œnologues modernes ont su apprécier, au contraire, l'importance et la nécessité de conserver à la vendange ses principes essentiels, et n'ont point osé la livrer entièrement à l'action du feu, dans la crainte de nuire à la délicatesse du vin et à la finesse du bouquet.

Pour remédier à la rigueur du climat ou à l'intempérie de la saison, M. Maupin recommande l'usage de quelques chaudronnées de moût bouillant, versées sur la vendange, afin d'aider la fermentation par la chaleur que cette méthode procure à toute la cuvée : « Immédiatement après » le foulage de la vendange, dit-il, si on a lieu de croire » qu'elle ne s'échauffera point assez d'elle-même pour faire » une parfaite fermentation, comme, à l'exception des an- » nées chaudes et de pleine maturité, on doit toujours le » craindre dans le plus grand nombre des vignobles, *en ce* » *cas*, il sera avantageux ou plutôt nécessaire de verser tout » de suite dans la cuve plusieurs chaudronnées de raisin tout » bouillant, à raison de *deux seaux par muid de trois cents* » *bouteilles.* » (1)

M. Thevet de Lessert avait aussi proposé une méthode analogue à celle de M. Maupin : il faisait chauffer dans des chaudières en fonte de fer le sixième de sa vendange jusqu'à un degré près de l'ébulition; il le versait aussitôt dans la cuvée, à laquelle il ajoutait les autres cinq sixièmes; mais il recommande beaucoup de ne pas laisser bouillir la vendange, parce que l'ébulition donnerait un mauvais goût au vin.

Enfin, tous les auteurs qui ont traité de la fermentation,

(1) Méthode de Maupin.

ont recommandé d'en seconder le développement par une douce chaleur, et M. le comte Chaptal veut qu'on l'entretienne de douze à quinze degrés, au moyen de couvertures, de poëles et de réchauds; mais aucun n'a tenté de l'étendre plus loin, dans la crainte de donner un goût de feu au vin, ainsi que M. Maupin et M. Thevet de Lessert l'avaient observé.

Le besoin de remédier à la surabondance des acides que contiennent nos vendanges ordinaires, a fait proposer, pour les corriger, deux moyens également imparfaits :

Par l'un, on désacidifie le moût ou le vin, en le saupoudrant avec de la charée, de la craie, de la potasse, des coquilles d'œufs, du marbre, etc.; mais cette méthode affaiblit trop le vin, en le privant d'un de ses principes constituans et conservateurs. Les vins manquent alors de corps et de saveur, et sont même altérés par les combinaisons salines que ces substances y dissolvent, ce qui a fait dire à M. Parmentier : « Hâtons-nous d'en avertir les propriétaires : tous ces » guérisseurs de vins malades ou dégénérés, qui ont la pré- » tention de les rétablir dans leur premier état, au moyen » de la craie, de la potasse, du marbre, des coquilles » d'œufs, etc., ne font absolument que les acheminer vers » leur *dépérissement;* les promesses qu'ils ont faites à cet » égard ne se sont point réalisées. Un vin ainsi raccommodé » est un vin frelaté; il est plus près de sa *décomposition* » qu'avant d'avoir été travaillé; il ne laisse, en un mot, au- » cune espérance pour le commerce. » (1)

Par les autres méthodes, on fait l'addition d'une matière sucrée dans la vendange, afin de lui fournir le moyen d'exécuter une fermentation plus généreuse et plus complète. *Junckel*, *Préfontaine*, et après eux *Macquer*, en ont signalé les avantages; et, à leur exemple, M. le comte Chaptal a proposé d'ajouter 20 livres de cassonade par muid, à la cuve en fermentation; mais ce procédé, en augmentant la spirituosité du produit, est loin d'être favorable à la qualité

(1) Traité sur l'Art de fabriquer les Sirops et les Conserves de raisin.

des vins, d'après les preuves que j'en ai acquises par l'expérience. M. *de Sampayo*, dans un mémoire sur la fermentation vineuse, en juge comme moi: « Dans aucun cas, dit-il, » le sucre de canne, ajouté à la cuve, ne peut suppléer le » moût concentré et bouillant, parce qu'il communique au » vin et à ses produits une saveur étrangère, qui n'est ja- » mais agréable. »

Mais M. Parmentier, dont le sentiment inspire tant de confiance, se montre encore plus sévère contre cette proposition, puisqu'il la repousse même pour les vins destinés à la fabrication des eaux-de-vie et des vinaigres : « On conçoit » aisément, dit-il, que les fabricans d'eau-de-vie et de vi- » naigre, séduits par l'efficacité des matières sucrées sur les » petits vins du nord, qui, pour augmenter leurs produits, » emploieraient un pareil mode, c'est-à-dire, qui feraient » entrer de la cassonade, de la mélasse, ou du miel, se » tromperaient grossièrement dans leurs spéculations, por- » teraient un coup funeste à leur commerce, et finiraient par » décréditer eux-mêmes nos eaux-de-vie. »

M. Parmentier, en condamnant l'emploi du sucre, du miel et de la mélasse, avait en vue de faire adopter l'usage des sirops de raisin du midi pour l'amélioration des petits vins du nord de la France, et on ne peut s'empêcher de rendre hommage à ses heureux efforts; mais, d'après lui-même, la conserve de raisin, quoique préférable aux autres substances, laissait encore beaucoup à désirer : il avait reconnu que le moût, pour arriver à l'état de conserve, » ne pouvait subir l'action du feu sans changer sa manière » d'être, sans perdre une partie de son arôme, » ce qui l'amenait à conclure et à dire : « Jamais, non jamais, la » meilleure conserve de raisin du midi, mise dans la cuve » des excellens vignobles, n'améliorera leurs vins; elle pré- » judicierait plutôt à leur qualité. En vain on se flatterait de » réussir; ce n'est qu'au moyen d'un raisin frais, d'un moût » vierge, d'une cuve *sans mélange*, qu'il est possible » d'obtenir un vin sec et parfait. »

Ainsi M. Parmentier, en préconisant les sirops ou conserve de raisin du midi, a été le premier à signaler ce qu'il voyait de défectueux dans leur emploi, et je me suis plu à invoquer souvent son témoignage, parce que je le crois le plus propre à persuader le lecteur sur la nécessité d'améliorer nos vins par des moyens plus salutaires que ceux usités, et plus conformes aux lois de la nature.

De l'amélioration de la vendange par les effets de l'Appareil.

Pour améliorer les produits de la nature, il faut parvenir à l'imiter; mais, pour suivre sa marche, il y a deux choses bien difficiles à faire : 1°. il faut parvenir à la connaître; 2°. il faut trouver les moyens propres à achever son ouvrage dans l'objet que l'on veut perfectionner.

Le but le plus important de l'art doit être d'amener le produit de la vigne à la maturité qui lui manque, et qu'il aurait acquise sans la rigueur de la saison. Mais ce n'est pas, ainsi qu'on l'a pratiqué avant nous, en brûlant, carbonisant et décomposant les principes qui le constituent, que l'on obtiendra cet heureux effet de l'application de la chaleur. Il faut bien que son action soit vive pour être pénétrante et efficace; mais il faut également qu'elle soit courte pour n'être pas désorganisatrice, et qu'elle soit moite pour ne pas être calcinante; il faut enfin que le mécanisme du procédé permette de compléter la maturité artificielle du moût, sans nuire à aucun des principes qui le composent, et c'est en réalisant toutes ces conditions essentielles que l'appareil que j'ai inventé pour opérer l'amélioration de la vendange, ainsi que de celle des vins faits, les élève au plus haut degré qu'ils puissent atteindre en raison de leur qualité respective.

Pour ne pas faire des répétitions, je renvoie aux sections suivantes la description de l'appareil. Je vais terminer celle-ci par l'explication de ses fonctions sur le moût de raisin.

Comme les meilleures vendanges renferment toujours des raisins plus ou moins verts, l'art devient nécessaire pour perfectionner leur maturité, et voici comment on l'opère par l'appareil dont la figure est à la page 17.

A mesure que par le foulage on exprime le moût de la vendange, on le fait arriver dans le vaisseau de charge G; on a le soin, en même temps, de porter à l'ébulition l'eau contenue dans la chaudière B, qui renferme l'appareil A; alors on ouvre le robinet F, et le moût, qui en sort continuellement, parcourt l'étendue du tuyau CCC, pour arriver dans l'appareil, où il est vivement chauffé par la chaleur que l'eau bouillante lui communique. Obligé de s'y étendre comme une lame de deux ou trois lignes d'épaisseur, il se trouve instantanément pénétré de toutes parts par la chaleur qui l'entoure et qui l'élève au point le plus près de l'ébulition, sans lui donner aucun mauvais goût de feu, parce qu'à l'instant même où il reçoit ce haut degré de chaleur, il est expulsé par le moût qui lui succède, lequel est chassé à son tour par celui qui le suit, et ainsi de suite.

A mesure que le moût reçoit ainsi la coction dont les effets déterminent l'élaboration des principes imparfaits qu'il contient, il sort de l'appareil par le tuyau DDD pour se rendre dans le vaisseau L, destiné à le recevoir, pour être ensuite versé dans la cuve lorsque sa température est abaissée. « C'est ainsi que » mon appareil opère la maturité et l'amélioration du moût » de raisin, qu'il accomplit sur lui l'œuvre de la nature, » sans lui faire éprouver les altérations qu'occasionnent les » mauvais procédés dont les anciens et les modernes ont » fait usage, et qu'il l'élève, par une ou plusieurs opérations, » au degré de perfection qu'il peut atteindre en raison de » sa qualité, pour produire le meilleur vin possible (1).

Mais si mon procédé réalise sur le moût de raisin tous les avantages que j'annonce, on verra bientôt que son application sur les vins faits n'est pas moins efficace, et qu'elle doit être considérée comme une des opérations les plus importantes de l'œnologie.

(1) Mon mémoire à S. Ex. le Ministre de l'Intérieur.

De la chaleur sur les vins, et de l'imperfection des moyens proposés pour l'appliquer.

Le besoin d'apporter quelque secours à la détérioration des vins, a fait faire une infinité de tentatives et préconiser beaucoup de recettes. Les uns ont recommandé d'employer des épices, d'autres les sommités des lavandes, des pierres à chaux, du lait, du blé bouilli, de l'alun, etc., etc.; mais l'expérience a rejeté tous ces moyens comme insuffisans, ridicules et préjudiciables.

Il était réservé à l'action de la chaleur de renfermer en elle-même la puissance d'accomplir les effets salutaires qu'on a vainement supposés dans d'autres principes de la nature; néanmoins il ne suffirait pas, pour le succès de l'œnologie, que l'on eût pressenti l'importance de son efficacité; il restait à trouver le moyen de l'appliquer sur le vin, sans porter atteinte à sa qualité, et c'est ce qu'on n'avait pu faire.

Le Parfait Vigneron nous dit « qu'en Allemagne, pour » échauffer le vin par le moyen du feu, ils ont des cuves où » il y a trois ou quatre étuves auxquelles on donne un grand » degré de chaleur, ou bien on fait du feu presque vis-à-vis » chaque tonneau; par ce moyen, le moût fermente avec » une telle véhémence, qu'il se fait jour à travers les douves: » lorsque ce mouvement et cette fermentation ont cessé, on » laisse reposer le vin pendant quelques jours, après lesquels » on le tire. On n'emploie cette méthode que dans les années » froides dans lesquelles les raisins sont verts. »

Par cette méthode on n'a d'autre objet que d'aider le complément de la fermentation vineuse sur les vins verts, nouveaux et renfermés dans des foudres d'une grande capacité; mais elle serait funeste sur des vins faits et mis en futailles ordinaires : on n'en obtiendrait que du vinaigre.

Un journal hebdomadaire a renouvelé à peu près les mêmes conseils, en proposant d'exposer les tonneaux de vin dans une étuve fortement chauffée; mais il doit redouter les mêmes inconvéniens qu'en Allemagne : en opérant sur les vins faits, il fera passer sa liqueur à la fermentation acéteuse ; s'il veut au contraire élever le vin à une plus forte chaleur, il ne le sauvera pas des conséquences suivantes : 1°. le vaisseau ne pourra recevoir et communiquer à la masse du liquide une chaleur très-élevée, qu'en restant long-temps exposé à son action : alors il se dessèchera au point de laisser perdre le vin à travers les douves relachées; 2°. la trop longue action de la chaleur fera dissiper les principes gazeux, spiritueux et balsamiques des parties du vin qui occupent et avoisinent les parois internes du vaisseau, avant que le liquide du centre ait acquis la température désirée.

Il y aurait donc, par ce procédé, évaporation des principes essentiels, perte et affaiblissement du vin, et c'est assurément ce qui en a fait rejeter l'adoption.

M. Cadet de Vaux, ce Nestor des économistes français, nous entretient aussi, dans son *Ménage des Fruits*, de deux moyens employés pour opérer l'amélioration des vins par la chaleur : 1°. Il dit qu'on avait observé que le vin de Bordeaux en bouteilles, exposé dans un four graduellement chauffé, s'améliorait considérablement.

Mais, pour exécuter cette opération, il fallait ôter une partie du vin de la bouteille et la bien reboucher avant de la mettre au four. Après l'opération, lorsque le vin était réfroidi, il fallait la déboucher de nouveau pour la remplir et la reboucher encore. Cette méthode minutieuse ne réussit pas complètement, et offre des inconvéniens : si la chaleur est un peu forte, la vapeur du vin fait sauter le bouchon et répandre la liqueur ou rompre la bouteille; d'ailleurs, le vin contracte un petit goût de feu. Je voulus perfectionner ce moyen par l'usage du bain-marie, mais à peine l'eau de la chaudière fut-elle arrivée à quelques degrés près de l'ébulition, que les vapeurs qui se dégageaient du vin firent sauter les bouchons des bouteilles, ce qui démontrait une division dans les parties qui composent le vin et la perte de ses principes essentiels.

2°. Enfin M. Cadet de Vaux, rapportant un fait *qu'il avait nouvellement recueilli*, cite un propriétaire qui avait imaginé de transporter son vin en sortant de la cuve, dans une chaudière et de le chauffer rapidement jusqu'à un degré assez voisin de l'ébulition; que ce vin, mis en tonneau et bondonné, a été aussi potable, au bout de trois mois, que pareil vin au bout de six ans.

Il est étonnant que M. Cadet de Vaux, dont la sollicitude et les longs travaux pour le succès de l'œnologie lui ont acquis tant de droits à la reconnaissance publique, n'ait pas cherché à se convaincre et à s'édifier par lui-même de la réalité d'un fait aussi important? Il se serait peut-être alors abstenu de le consigner dans son ouvrage.

Convaincu, par l'expérience, des altérations qu'éprouve le vin exposé à l'action directe du feu, et de l'évaporation qu'il fait de ses principes spiritueux, gazeux et aromatiques, j'étais peu disposé à croire à un pareil résultat; mais je voulus encore en juger par des essais, et j'obtins en effet un vin moins dur. Mais, en retour, il avait acquis un goût mélassé, résultant de l'action du feu; il avait dissipé beaucoup de ses principes essentiels et n'avait plus de montant: on reconnaissait aisément qu'il n'était plus le même.

Il était d'ailleurs démontré, par les connaissances acquises, que ce ne pouvait être autrement, et lorsqu'il a été reconnu que le moût de la vendange était altéré par l'action du feu, que ne doit-on pas craindre pour le vin, dont les principes sont si délicats, et dont la désorganisation est si facile? Depuis long-temps nous avons appris à reconnaître combien cette action était funeste sur les vins, par la différence qu'il y a entre l'eau-de-vie obtenue au bain-marie et celle distillée à feu immédiat: le brûlé, l'âcreté et l'empyreume de celle-ci, ne résultent-ils pas de l'altération et de la carbonisation que le feu a fait éprouver aux principes du vin? On ne saurait le contester; mais pour étayer cette vérité par le témoignage d'une autorité digne de foi, je citerai M. le comte Chaptal.

Il y a quarante ans que ce savant avait dit, au sujet des

anciens alambics : « La forme de la chaudière établit elle- » même une colonne de vin assez haute et peu large, qui, » n'étant frappée par le feu qu'à sa base, *est brûlée dans cette » partie avant que la partie supérieure ait reçu le degré de » chaleur convenable à l'évaporation; de là vient sans » doute que l'eau-de-vie sent le brûlé.* » Or, puisqu'il est vrai que le vin peut être *brûlé dans la base de la chaudière avant que celui qui occupe la partie supérieure, ait reçu le degré convenable à l'évaporation*, n'est-il pas assez démontré par-là combien il serait téméraire de tenter l'amélioration et la conservation des vins par l'action directe du feu, qui l'altère et le décompose?

Mais c'est déjà trop m'occuper à démontrer les dangers d'un pareil moyen, qu'on n'a pas reproduit dans la pratique, ni dans les nouveaux traités sur la matière, et que l'expérience et l'observation de M. le comte Chaptal proscrivent également.

Après m'être assuré des préjudices que le vin reçoit de l'action du feu, j'imaginai plusieurs appareils pour opérer les vins au bain-marie et à la vapeur. Je ne rapporterai point ici tous les procédés que j'ai décrits dans mes demandes en brevet adressées à S. Exc. le ministre de l'intérieur; néanmoins je m'en suis assuré la propriété, pour fermer toutes les voies à la contrefaçon (1), quoique leur résultat soit inférieur à l'appareil qui fait le mérite de ma découverte, et dont la description et les effets sont expliqués ci-après.

(1) Indépendamment des moyens que renferment ces procédés, j'ai étendu la demande de mes droits sur tous ceux qui pourraient résulter de tous autres procédés connus, par les réserves suivantes :

« J'ai été le premier à faire connaître les conditions nécessaires » pour la confection d'un bon procédé; en conséquence, je demande » que mon privilége s'étende sur la propriété de tous les principes que » j'ai décris, et je me réserve l'application et l'usage de tous les autres » procédés ou appareils inventés et usités pour d'autres fonctions, et » qui pourraient exécuter plus ou moins parfaitement les effets de » celui que j'ai soumis à Votre Excellence » (*mon Mémoire à son Ex. le Ministre de l'Intérieur.*)

Description de l'Appareil.

L'appareil A est composé de deux planches en ferblanc ou en cuivre, fixées et soudées par leurs bords, ne laissant entre elles que deux ou trois lignes d'intervalle; il est placé dans une chaudière B, sur le fond de laquelle il porte par ses quatre petits pieds. A chacun des deux bouts de l'appareil est perpendiculairement placé un tuyau applati et qui communique par sa base avec le vide qui se trouve formé par les deux planches. Le tuyau CCC correspond au robinet F, qui est placé au vaisseau de charge G, destiné à contenir le vin que l'on veut opérer. L'autre tuyau DDD forme un coude à sa partie supérieure pour entrer dans le tuyau de chauffage, qu'il parcourt intérieurement dans toutes les sinuosités qu'il décrit, pour aller ensuite aboutir en forme de tube plongeur dans le vaisseau L, destiné à recevoir le vin opéré. Le tuyau de chauffage EEEEEE part du robinet H fixé au vaisseau de charge, descend et remonte en zigzag pour aller porter le vin dans le tuyau CCC de l'appareil. Au sommet du premier coude du tuyau DDD est pratiqué un tube plongeur K, destiné à contenir un thermomètre; les robinets IIII sont pour vider les parties de l'appareil. Les soupiraux des tuyaux sont indiqués par MM, et la soupape du couvercle de la chaudière par J.

Fonctions de l'Appareil.

On place sur le feu la chaudière chargée d'eau; lorsqu'elle est en ébulition on ouvre le robinet de charge H pour faire arriver le vin dans le tuyau de chauffage EEEEEE, aboutissant dans le tuyau CCC, qui le conduit dans l'appareil A, pour y subir l'opération de la chaleur, d'où il sort ensuite par le tuyau DDD, qui le porte dans le vaisseau L, destiné à contenir le vin opéré.

Par l'effet de la construction de l'appareil, le vin, qui

Appareil de Mr J. M. Gervais,

pour perfectionner le moût des fruits et pour clarifier, améliorer et conserver les Vins, Bierres, Cidre, poiré et tous autres liquides, spiritueux et vineux.

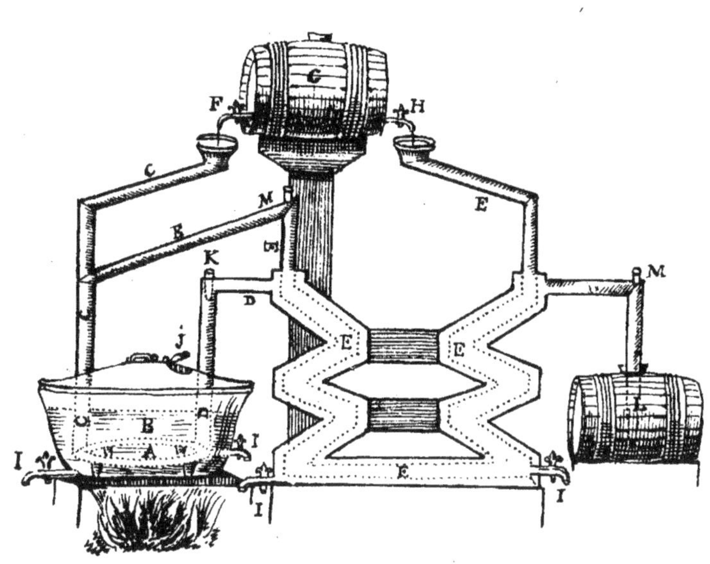

Explication de l'Appareil.

A..... Appareil composé de deux planches en métal.
B...... Chaudière qui reçoit l'appareil.
ccc..... Tuyau qui porte le vin à l'appareil.
DDD.... Tuyau qui de l'appareil porte le vin opéré au fond du vaisseau L.
EEEEE Tuyau du chauffage qui parcourt le tuyau DDD pour prendre la chaleur du vin opéré et se rendre au tuyau CCC.
F...... Robinet du vaisseau de charge sans chauffage.
G...... Vaisseau de charge contenant le vin à opérer.
H...... Robinet du vaisseau de charge pour le chauffage.
iiii..... Robinets pour vider les liquides après l'opération.
j...... Soupape du couvercle de la chaudière.
K...... Tube plongeur contenant un thermomètre pour connaître la chaleur du vin opéré.
L...... Vaisseau qui reçoit le vin opéré.
MM..... Soupiraux des tuyaux de l'appareil.

parcourt le vaisseau du chauffage, reçoit dans son cours la chaleur que lui communique le vin opéré qui l'entoure pendant sa circulation dans tous les zigzags que décrit le tuyau DDD; en sorte que, lorsqu'il arrive dans l'appareil pour y subir l'opération, il se trouve déjà élevé à une température considérable, ce qui rend l'effet de l'appareil plus prompt et plus énergique.

Mais le plus grand mérite qui résulte du tuyau de chauffage, se trouve dans le refroidissement que le vin opéré obtient par le contact du vin froid qui se rend à l'appareil, et qui le garantit de l'évaporation qu'il éprouverait dans ses principes spiritueux, gazeux et balsamiques, s'il sortait bouillant de l'appareil.

« Pour exécuter les fonctions de chauffage et de réfrigé-» ration, on peut également construire un procédé avec » quatre planches de cuivre ou de ferblanc, soudées et fixées » par leurs bords, ne laissant entre elles, comme l'appareil, » que deux ou trois lignes d'intervalle, et formant trois vides » applatis. Ainsi, en faisant passer le vin froid à travers » ou autour du vin chaud (comme on voudra), on échauf-» fera la liqueur qui se rend à l'appareil pour être opérée, et » on refroidira celle qui de l'appareil est portée dans le vais-» seau contenant le vin opéré. Pour augmenter la réfrigé-» ration, on peut multiplier les procédés, et employer l'eau » froide autour du vin chaud opéré. » (1)

Il résulte des fonctions du procédé :

1°. Que la liqueur se trouvant élevée, par l'effet du chauffage, au-delà de la moitié de la chaleur qu'elle doit obtenir pour être opérée, n'a pas besoin de séjourner dans l'appareil pour arriver au degré d'élévation que l'opération exige, ce qui l'empêche de contracter aucun goût de feu;

2°. Que l'effet de la chaleur ne peut causer la division des principes du vin, puisque la liqueur est constamment comprimée dans l'appareil, et qu'elle ne peut trouver aucun vide pour se diviser;

(1) Mon Mémoire à S. Ex. le ministre de l'intérieur.

3°. Que l'avantage d'une opération continue, renouvelant sans cesse le vin de l'appareil, ne permet pas à aucun des principes de la liqueur d'éprouver trop d'action ni trop peu de la part de la chaleur;

4°. Que le refroidissement du vin, opéré avant de sortir de l'appareil, prévient la division de ses parties et l'évaporation de ses principes les plus essentiels.

Des effets de l'Appareil.

Dans mon brevet j'ai déjà dit : « que par les effets de mon » procédé :

» 1°. Les acides sont émoussés,

» 2°. L'action du ferment est paralysée;

» 3°. Celle de l'air atmosphérique ainsi que toutes les » autres causes fermentescibles sont détruites;

» 4°. Les principes aromatiques sont mieux développés;

» 5°. La verdeur du vin est corrigée;

» 6°. Enfin la chaleur appliquée sur les vins, à un très-» haut degré, a la propriété de dilater les parties aqueuses » qu'ils contiennent (ce qui les rend plus pénétrables), et de » donner à leurs principes essentiels et spiritueux une action » plus pénétrante; en sorte que, par l'effet de cette double » conséquence, on obtient, en peu de temps, leur combi-» naison intime, tandis qu'il fallait l'attendre pendant plu-» sieurs années d'une fermentation insensible, qui était sou-» vent devancée ou suivie d'une décomposition inattendue. » Par l'effet de cette combinaison, tous les corps hétéro-» gènes et autres principes surabondans, contenus dans le » vin, se précipitent ou se collent au parois du vaisseau, ce » qui rend le vin plus *fin*, plus *dépouillé* et plus *délicat.* »

Il me reste à donner maintenant quelques développemens à ces divers effets.

1°. *Les acides sont émoussés*, d'abord par la maturité artificielle que le vin acquiert, et ensuite par la précipitation de la surabondance des sels acides maliques et tartreux qu'il contient et dont les effets de l'appareil les dégage.

2°. *L'action du ferment est paralysée.* Indépendamment de la présence des susdits acides dans les vins, il est encore une acidité qui leur est bien plus funeste, puisqu'elle a pour résultat de les convertir en vinaigre : l'ascescence, cette maladie que la plupart de nos vins sont condamnés à subir, ne laisse pas d'exercer ses ravages, malgré les secours et les manipulations pratiqués jusqu'à ce jour, pour les en préserver, par le collage, le soutirage, le souffrage, etc.

Il était réservé à la seule action de mon procédé, d'être reconnue par le premier moyen efficace, radical et souverain, qui, sans rien introduire dans le liquide, et par conséquent sans l'affaiblir, ni altérer la délicatesse du vin, a la puissance de détruire et de décomposer cette partie glutineuse contenue dans le principe *végéto-animal* dont les vins ordinaires surabondent, et dont la présence amène leur décomposition.

3°. *L'action de l'air atmosphérique, ainsi que les autres causes fermentescibles, sont détruites.*

L'expérience a trop appris à juger du préjudice de l'action de l'air sur le vin pour qu'il soit nécessaire de le démontrer. Il importait donc de chercher le moyen de la paralyser, et c'est encore un des effets de l'appareil, qui opère sur le vin le même bienfait que la méthode de M. Appert réalise pour la conservation des viandes fraîches et des végétaux.

4°. *Les principes aromatiques sont mieux développés.*

Il est démontré que les principes aromatiques des fruits et des liqueurs qui en proviennent, se développent en raison du degré de maturité qu'ils acquièrent; il est donc bien naturel que, par l'effet de la maturité artificielle que produit mon appareil, le bouquet du vin s'améliore; mais il est encore une autre conséquence qui contribue à le faire ressortir d'avantage, et qui résulte de la destruction des corps hétérogènes qui altéraient sa finesse et masquaient son bouquet.

5°. *La verdeur du vin est corrigée.*

Les principes qui constituent le vin sont de plusieurs natures; les uns sont doux et sucrés, d'autres fades et acides; la différence dans leur proportion détermine leur qualité. C'est ainsi que ceux dont le fruit n'a pas acquis la maturité nécessaire, sont dominés par la verdeur. Il est aisé de concevoir qu'en accomplissant en eux l'œuvre de la nature, nous ajoutons à leur qualité et nous parvenons à leur assurer la conservation qu'ils n'auraient pu obtenir par tout autre moyen connu.

6°. *Enfin la chaleur appliquée sur les vins à un très-haut degré, opère leur combinaison intime, les dépouille de tous les corps hétérogènes et autres principes surabondans, ce qui les rend plus fins, plus dépouillés et plus délicats*, en opérant leur parfaite clarification, ainsi que je vais le démontrer.

De la clarification, de l'amélioration et de la conservation des vins.

De toutes les opérations que les vins réclament de l'art pour leur conservation, celle qui a été reconnue la plus nécessaire, c'est leur clarification; mais la preuve convaincante de l'imperfection des moyens dont on a usé pour l'obtenir, se trouve dans les nombreuses substances qu'on a invoquées tour à tour et qu'on a délaissées successivement pour en rechercher d'autres par suite de l'insuffisance des premières. Quelques auteurs ont recommandé l'usage de matières qui devaient opérer la clarification par le simple effet de leur pesanteur spécifique, comme le sable, le caillou calciné, l'albâtre gypseux, le marbre en poudre, etc., etc.; mais ces moyens impuissans ne pouvaient atteindre que les corps étrangers suspendus dans le liquide, tels que la lie, etc.; d'autres proposent d'employer la gomme arabique en poudre, l'amidon, la décoction de riz, de blé et le sucre candi concassé; « mais ces substances, dit M. Julien, sont susceptibles de

» rester en dissolution dans la liqueur, et contiennent du » principe végéto-animal, susceptible de la faire fermenter » et tourner à l'aigre (1). »

Les corps qui de nos jours ont conservé le plus de crédit pour la clarification des vins, sont la colle de poisson, l'albumen ou blanc d'œufs, le sang, le lait, la crême, la colle de Flandre, la gélatine d'os et les poudres très-renommées de M. Julien. Toutes ces substances se décomposent dans les boissons, et produisent des combinaisons qui leur font acquérir une pesanteur suffisante pour se précipiter et former un réseau qui entraîne, au fond du tonneau, les corps hétérogènes qu'ils rencontrent, *ainsi que les parties colorantes*, tartreuses et mucilagineuses qui se sont séparées de la liqueur.

M. Julien auteur de la *Topographie de tous les Vignobles connus*, et du *Manuel du Sommelier*, qui, à des connaissances très-étendues, joint la pratique la plus éclairée, a signalé dans son Manuel l'imperfection de la plupart de ces moyens, et j'emprunterai ses propres expressions :

« *La colle de poisson*, lorsque le temps est pluvieux ou » orageux, reste souvent en suspension dans la liqueur. La » combinaison de cette colle avec les matières qu'elle préci- » pite n'est pas complète; la lie qu'elle forme est volumi- » neuse, peu épaisse et très-légère : la moindre commotion » ou un changement de température suffisent pour la faire » remonter dans la liqueur et occasioner un mouvement de » fermentation.

» *L'albumen* ou *blanc d'œuf*. Les blancs d'œuf se con- » densent quelquefois dans les vins rouges qui manquent de » spiritueux : ils sont sujets à se condenser dans les vins » blancs sous la forme d'esquilles très-tenues qui obscursis- » sent la liqueur.

» *Le sang* a beaucoup d'analogie avec le blanc d'œuf, » mais sa partie aqueuse étant dissoluble dans le vin, elle lui » communique souvent un goût fade qu'il conserve longtemps. »

(1) Manuel du Sommelier, page 60.

» *Le lait et la crême* contiennent une certaine quantité
» d'albumen; mais le petit-lait qui s'est formé reste dans le
» vin et peut lui occasionner une fermentation acéteuse.

» *La colle de Flandre* est composée avec les issues des
» boucheries, qui sont souvent en putréfaction avant d'être
» employées; elle fatigue beaucoup plus le vin que toutes
» les autres colles.

» *La gélatine d'os*, qui semblait devoir mériter la préfé-
» rence sur tous les moyens connus, ne conserva pas longtemps
» la confiance que M. Julien lui avait accordée dans la se-
» conde édition de son Manuel : M'étant aperçu, dit-il, qu'elle
» ne clarifiait pas également bien tous les vins, et que ceux
» que j'avais mis en bouteilles y formaient, au bout de très-
» peu de temps, un dépôt assez volumineux, je fus obligé d'y
» renoncer. Ce fut alors, continue-t-il, que je cherchai les
» moyens de composer une colle dont toutes les parties
» fussent en rapport avec les matières qu'il convient de sépa-
» rer du vin et dont l'effet fût plus sûr. »

Les deux médailles que M. Julien a obtenues aux expositions des produits de notre industrie, en 1819 et 1823, sont les plus beaux titres qui puissent être accordés au mérite que ses poudres peuvent réunir, comparativement aux autres moyens que je viens d'énumérer, et je ne chercherai point à déterminer les inconvéniens qu'elles peuvent produire; néanmoins, M. Julien incorpore dans la liqueur des substances étrangères à ses principes, qui doivent être toujours à craindre, et il me permettra du moins de reconnaître qu'elles sont nuisibles au mérite de la couleur du vin, puisqu'il les recommande pour leur décoloration.

Il résulte donc de l'exposé que nous venons de faire de tous les secours dont on a usé pour la clarification, qu'il n'en est aucun qui ait pu répondre complètement à ce but, ni garantir les principes du vin d'une altération quelconque.

D'ailleurs, la substance la plus parfaite, lorsqu'elle doit agir et opérer la clarification par les moyens violens et contre nature dont on fait usage, aurait toujours un résultat préjudiciable à la liqueur, et il n'y a que les vins généreux qui puissent être clarifiés par leur secours ; car « les vins récoltés dans des terrains marécageux, dit M. Julien, ceux qui proviennent d'années dont la température a été froide et pluvieuse, sont dépourvus d'alcool » et quelquefois aussi de tannin. Le principe végéto-animal » y surabonde, et les parties colorantes, mal dissoutes, sont » plutôt suspendues que combinées dans la liqueur. Ces vins » sont presque toujours troubles, et l'on parvient difficilement à les rendre parfaitement limpides, même à l'aide » du collage, parce que, ne contenant pas en assez grande » quantité les substances propres à se combiner avec la colle » et à la coaguler, elle y reste en suspension et les épaissit » au lieu de les clarifier. »

L'étude des principes imparfaits que le vin contient, nous a fait reconnaître que le germe destructeur qu'il faut anéantir réside dans la partie glutineuse, qui constitue l'essence du levain, et qui donne au muqueux fade un liant poisseux qui s'oppose à la limpidité de la liqueur, et fait rester en suspend dans son sein tous les corps hétérogènes de la lie, du tartre, etc., etc. Il suffira donc de rompre l'action de ce principe ennemi, de lui faire perdre sa propriété poisseuse, pour obtenir la précipitation naturelle des corps hétérogènes, dont la pesanteur spécifique est, de leur nature, au-dessus de celle de la liqueur. Mais lorsqu'à ce résultat les effets de l'appareil unissent la propriété de détruire la nature propre du levain, de décomposer ce principe végéto-animal et d'anéantir ainsi tout ce que son action exerçait de funeste dans la liqueur, on ne peut méconnaître que ce ne soit le moyen le plus souverain que l'on puisse appliquer à la clarification des vins.

Ainsi, par les effets de l'appareil, et sans rien incorporer dans le vin, tout le bienfait qu'on pouvait attendre d'une fermentation insensible et très-longue est obtenu spontanément. Le vin, enrichi par la conservation de tous les principes essentiels qui le constituent, affranchi des substances dangereuses qui pouvaient nuire à sa qualité et à sa durée, et débarrassé de tout ce qui pouvait altérer sa limpidité, obtient le plus haut degré de perfection où il puisse parvenir en raison de sa qualité.

Il suffira donc de soumettre les vins et autres boissons à l'usage de notre procédé, et de les soutirer quelques jours après l'opération, pour leur faire opérer la sécrétion de tous les principes qui les altèrent, et pour obtenir, à la fois, leur clarification, leur amélioration et leur conservation.

De la loi des brevets en faveur des inventeurs, et des garanties qu'elle offre pour assurer leurs découvertes.

La plus belle prérogative qu'un gouvernement équitable puisse offrir à l'homme, est dans la jouissance de ses droits garantis par les lois; car c'est de ce grand principe de justice que dépendent le bonheur et l'harmonie de la société.

Nos législateurs l'ont si bien reconnu, qu'ils ont étendu l'empire de la loi jusqu'à assurer la propriété des conceptions utiles, en faveur de ceux qui en étaient les auteurs et qui en réclamaient la possession exclusive.

Par la loi du 7 janvier 1791, le gouvernement a consacré que « toute idée nouvelle dont la manifestation ou le développement peut devenir utile à la société, appartient primitivement à celui qui l'a conçue, et que ce serait attaquer les *droits de l'homme* dans leur essence, que de ne pas regarder *une découverte industrielle* comme la propriété de son auteur. »

Tel est le texte de la loi sous l'égide de laquelle toutes les inventions se trouvent placées, et voici l'extrait des articles qui en assurent la propriété :

» Art. 1er. Toute découverte ou nouvelle invention dans tous les genres d'industrie est la propriété de son auteur; en conséquence, la loi lui en garantit la pleine et entière jouissance.

» Art. 12. Le propriétaire d'une patente jouira privati-

» vement de l'exercice et des fruits des découvertes, inven- » tions ou perfections pour lesquelles ladite patente aura été » obtenue. En conséquence, il pourra traduire les contrefac- » teurs devant les tribunaux : lorsque les contrefacteurs » seront convaincus, ils seront condamnés, en sus de la » confiscation, à payer à l'inventeur des dommages-intérêts » proportionnés à l'importance de la confiscation, et, en » outre, à verser dans la caisse des pauvres du district, une » amende fixée au quart du montant desdits dommages- » intérêts, sans toutefois que ladite amende puisse excéder » la somme de 3,000 francs, et au double en cas de réci- » dive.

» Art. 14. Tout propriétaire de patente aura droit de for- » mer des établissemens dans toute l'étendue du royaume, » et même d'autoriser d'autres particuliers à faire l'applica- » tion et l'usage de ses moyens et procédés ; et, dans tous » les cas, il pourra disposer de sa patente comme d'une pro- » priété mobilière. »

C'est ainsi que nos lois, en récompensant les auteurs des inventions utiles, encouragent les recherches laborieuses, dont les bons effets ajoutent tous les jours aux progrès des sciences, des arts et de l'industrie.

Mais, pour que l'effet de la loi pût avoir un avantage assuré, il était nécessaire qu'il garantît la propriété des attaques de la contrefaçon, que l'envie et la cupidité pourraient lui susciter, et c'est à ces fins que la loi du 25 mai 1791, titre 2, article 8, a prononcé que « si quelque « personne annonce un moyen de perfection pour une in- » vention déjà brevetée, elle obtiendra, sur sa demande, » un brevet pour l'exercice privatif dudit moyen de perfec- » tion, *sans qu'il lui soit permis, sous aucun prétexte,* » *d'exécuter ou de faire exécuter l'invention principale.* »

» Ne seront point mis au rang des perfections industrielles » *les changemens de forme ou de proportion, non plus* » *que les ornemens, de quelque genre que ce puisse être.* »

Mais, d'après la loi, celui qui ajouterait un perfectionnement à une invention déjà brevetée, n'aurait aucun droit sur aucune des parties de l'invention principale, et dès-lors ce perfectionnement serait un *néant* pour l'inventeur. C'est donc à tort qu'avec des dispositions aussi précises, il y ait eu des personnes imbues du préjugé, qu'il suffisait d'*ajouter quelque chose* à un procédé pour détruire le privilége de son véritable auteur : il est vrai de dire que les tribunaux ont fait justice de cette prétention.

Des avantages que la loi sur les brevets offre au public.

Si la loi, en assurant à l'auteur d'une découverte le droit de propriété exclusive pour l'exercice de son invention, a eu pour but de le récompenser de ses recherches, il est facile de démontrer que cette même loi est également favorable à l'intérêt public.

L'eprit humain est de sa nature si défiant, que la plupart des personnes qui pourraient trouver un avantage dans une invention, ne daignent pas même l'examiner, et pendant qu'elles ferment l'oreille aux bons résultats qu'on en publie, elles accueillent trop aisément la critique que l'envie cherche à répandre contre tout ce qui porte le caractère ou l'empreinte de l'utilité publique. Il est donc nécessaire d'opérer, en quelque sorte, une conversion dans l'esprit de ceux auxquels une invention peut être utile, et ce n'est qu'en faisant ce que M. Parmentier recommande, qu'on peut assurer le succès des améliorations industrielles : « Quand on veut de bonne foi servir les hommes, dit-il, il » faut employer, pour les convaincre, l'expérience; *la voie* » *du précepte est longue*, *celle de l'exemple est courte* : il » faut ne pas se borner à leur dire une seule fois ce qu'on a » vu, ce qu'on a fait, et ce qu'il est nécessaire de faire; ne » jamais se lasser de le reproduire sous toutes les formes et dans » un langage familier aux classes les plus nombreuses. Ce n'est » qu'en popularisant les sciences qu'on parvient à les rendre » immédiatement utiles à la société, et que ceux qui les cul-

» vent acquièrent quelques droits à la reconnaissance de » leurs contemporains et de la postérité. »

Or, ce n'est point par le simple exposé d'une description imprimée, que l'on peut espérer de faire adopter spontanément l'usage d'une découverte; mais les conséquences qui résultent de la loi même qui assure l'invention à son auteur, donnent lieu à des moyens plus énergiques, que l'intérêt particulier emploie, et qui sont également favorables à l'intérêt public. En effet, lorsque, dans le but de retirer les fruits d'une invention, une société se forme pour l'exploiter et pour aller l'annoncer en même temps sur tous les points du royaume; en démontrer au public les avantages, faciliter, selon les expressions de M. Parmentier, l'intelligence de ce procédé, l'exécuter sous les yeux de ceux auxquels il importe d'en communiquer les résultats, répondre sur-le-champ à leurs objections, lever tous leurs doutes, et leur dire, enfin, ce qu'il est nécessaire de faire pour en recueillir les bienfaits, n'est-ce pas le plus puissant moyen de propagation que la loi puisse produire en faveur de la société? Je crois que c'est le seul qui soit propre à populariser une découverte industrielle.

Des avantages du procédé en faveur de l'agriculture, du commerce et de l'humanité.

Lorsque la France, par son heureuse position et la richesse de son sol, se trouve placée au rang des nations les plus riches et les plus commerçantes; lorsqu'il est vrai que la base de sa fortune agricole et le principal aliment de son commerce, reposent dans le produit de ses immenses vignobles, ne sommes-nous pas amenés à reconnaître qu'en raison des bienfaits que le procédé va produire, pour augmenter le mérite de ses vins, assurer leur conservation, et les rendre propres aux exportations les plus lointaines, nous sommes appelés à agrandir le domaine de ses relations commerciales, à enrichir l'agriculture et à contribuer ainsi à la prospérité du royaume?

Maintenant le propriétaire, en améliorant ses produits, n'aura plus à craindre leur décomposition.

Le négociant, rassuré sur la bonté et la conservation des vins, jettera avec confiance ses regards sur les contrées les plus éloignées et sur les climats les plus opposés où le sentiment d'une spéculation avantageuse pourra le fixer. Si le vin le plus renommé pouvait à peine suffire à de semblables opérations, il verra désormais, que celui qui était reconnu pour ordinaire, deviendra, par l'effet de l'appareil, capable de toute épreuve, propre aux expéditions les plus lointaines, et pourra triompher à l'étranger des efforts de la concurrence des nations rivales : ainsi, pendant que le négociant étendra avec avantage l'exportation, les qualités moins supérieures, intéressantes néanmoins par leur bon goût et leur bouquet, feront augmenter la consommation nationale. A toutes ces considérations, je dois ajouter celles qui intéressent l'humanité, et il est doux de penser que, par l'effet de l'amélioration et de la conservation des vins les plus communs, le public ne sera plus exposé à consommer des boissons décomposées, dont le mauvais goût est aussi rebutant que les effets en sont dangereux.

Ces moyens de succès sont trop précieux, pour ne pas faire adopter généralement l'usage de l'appareil, ce qui nous amène à préjuger d'avance les résultats que son exploitation doit produire.

Des résultats que le procédé promet aux Sociétés formées pour son exploitation.

Lorsqu'une découverte est reconnue bonne en elle-même; que son utilité est jugée indispensable ; qu'on peut en accorder l'emploi à très-bas prix, et obtenir des grands résultats par l'immense quantité de matière à laquelle son application est nécessaire, ne réunit-elle pas alors tous les caractères essentiels qui constituent la spéculation la plus avantageuse ? Tels sont cependant les attributs qu'on ne pourra contester à ma découverte ; et il importe de démontrer, que la société fondée pour l'exploiter est conçue de manière à servir l'intérêt public comme le sien propre.

Si on voulait estimer et énumérer les divers avantages que les propriétaires et les négocians retireront du procédé, on ne pourrait considérer au-dessous de 4 fr. par hectolitre les effets de l'amélioration et de la conservation des vins que l'appareil produit, et on devrait accorder une valeur considérable au mode de clarification spontanée qu'il opère, et qui dispense des frais et des manipulations usitées pour collage, fouettage, soutirage, souffrage, etc., qui causent l'affaiblissement et l'altération des principes du vin. On ne pourrait disconvenir encore qu'indépendamment de tous ces frais, le négociant est obligé d'attendre pendant long-temps la combinaison insensible et laborieuse de ses liquides, et d'éprouver des déchets considérables dans leur quantité.

Il est aussi bien évident que, lorsque l'appareil, par ses fonctions, met le propriétaire et le négociant à l'abri de toutes ces vicissitudes, de tous ces frais et de toutes ces pertes, il leur procure un autre avantage, par une vinification prompte, complète et propre à le faire rentrer incessamment dans ses capitaux, tandis qu'il est obligé de nourrir ses vins des années entières pour attendre qu'ils soient vendables.

Néanmoins, je n'ai pas fixé la rétribution pour l'usage du procédé, sur les bases. que tous ces avantages pouvaient permettre d'établir, et l'on trouvera que la fixation que j'ai calculée, à raison de 25 cent. par hectolitre, est aussi modérée, à l'égard de l'exploitation, que les résultats sont importans pour le public. Cette modération sera un motif de plus pour faire jouir sans retard l'agriculture et le commerce des fruits de ma découverte, et c'est ainsi que je favoriserai également l'intérêt public et celui de la société que j'ai formée pour l'exploitation de mon procédé.

En effet, j'ai considéré que cette société devait trouver ses bénéfices dans l'immense quantité de vin qui peut être soumise à l'usage de l'appareil; et quand on considère qu'environ 50 millions d'hectolitres de ce liquide, vont chaque année en réclamer l'application, quel produit ne doit-on pas en attendre, malgré la modération du prix de la rétribution ; mais l'importance de ce produit m'a fait sentir la nécessité d'obtenir le concours de personnes honorables, puissantes et éclairées, qui par leur rang, leurs lumières et leur crédit pussent assurer à ma découverte l'appui que son exploitation pourrait nécessiter. C'est dans cette pensée que j'en ai divisé la propriété en trois mille parts, représentées par trois mille actions de mille francs chacune, et dont l'émission fera participer les porteurs à la trois millième partie des produits nets de la société.

Par les dispositions des statuts qui doivent régir la societé, il a été établi que tous les départemens vinicoles de la France seront gérés par des exploitations particulières, qui feront exécuter le procédé dans chaque canton ; et comme il importe que toutes les personnes qui participeront à l'exploitation y soient puissamment intéressées, afin que leur intérêt personnel soit une garantie de leur zèle à remplir leurs fonctions, il a été stipulé que la société centrale, établie à Paris, leur ferait cession de la moitié des produits de l'exploitation, moyennant une somme déterminée ; de manière à ce que la totalité des cessions produise, au profit des Actionnaires, environ le montant des trois mille actions créées. Au moyen de la rentrée de cette somme, MM. les Actionnaires seront à-peu-près remplis du prix de leurs actions, et ils auront en bénéfice la moitié des produits réservés à la société.

Indépendamment de ces avantages en leur faveur, MM. les Actionnaires auront gratuitement encore leur portion d'intérêt dans les produits des 1,000 actions de réserve, dont j'ai fait abandon à la Société, et je ne désespère point, à l'époque de sa liquidation, de les voir s'élever à plusieurs fois la mise de toutes les autres actions.

Il serait donc difficile de concevoir une entreprise qui pût réunir à un degré plus éminent que celle-ci les élémens de la prospérité publique et ceux de l'intérêt particulier.

www.ingramcontent.com/pod-product-compliance
Ingram Content Group UK Ltd.
Pitfield, Milton Keynes, MK11 3LW, UK
UKHW022001260726
13994UKWH00004B/1882

9 782329 433363